丝绸之路系列丛书

刘元风 赵声良 主编

敦煌服饰艺术图集

世俗人物卷

（下册）

吴波 侯雅庆 魏佳欣 编著

中国纺织出版社有限公司

内 容 提 要

“丝绸之路系列丛书”包括菩萨卷上、下册，天人卷，世俗人物卷上、下册，图案卷上、下册，艺术再现与设计创新卷8个分册。本册为世俗人物卷下册。敦煌石窟中的众多世俗人物形象精彩绝伦，是构成敦煌石窟艺术体系的重要组成部分。世俗人物卷选取敦煌石窟艺术中具有代表性的世俗人物像，以数字绘画形式整理明确服饰的造型结构，并对服饰局部细节进行了重点线描绘制，便于读者理解摹画，有助于读者全面了解敦煌世俗人物服饰艺术全貌。

图书在版编目（CIP）数据

敦煌服饰艺术图集．世俗人物卷．下册 / 吴波，侯雅庆，魏佳欣编著．--北京：中国纺织出版社有限公司，2024．10．--（丝绸之路系列丛书 / 刘元风，赵声良主编）．--ISBN 978-7-5229-2077-1

Ⅰ．TS941．12-64

中国国家版本馆 CIP 数据核字第 2024A3B486 号

Dunhuang Fushi Yishu Tuji Shisu Renwu Juan

责任编辑：孙成成　　责任校对：高　涵　　责任印制：王艳丽

中国纺织出版社有限公司出版发行

地址：北京市朝阳区百子湾东里 A407 号楼　邮政编码：100124

销售电话：010—67004422　传真：010—87155801

http://www.c-textilep.com

中国纺织出版社天猫旗舰店

官方微博 http://weibo.com/2119887771

北京华联印刷有限公司印刷　各地新华书店经销

2024 年 10 月第 1 版第 1 次印刷

开本：889×1194　1/16　印张：10

字数：87 千字　定价：98.00 元

总序

伴随着丝绸之路繁盛而营建千年的敦煌石窟，将中国古代十六国至元代十个历史时期的文化艺术以壁画和彩塑的形式呈现在世人面前，是中西文明及多民族文化荟萃交融的结晶。

敦煌石窟艺术虽始于佛教，却真正源自民族文化和世俗生活。它以佛教故事为载体，描绘着古代社会的世俗百态与人间万象，反映了当时人们的思想观念、审美倾向与物质文化。敦煌壁画与彩塑中包含大量造型生动、形态优美的人物形象，既有佛陀、菩萨、天王、力士、飞天等佛国世界的人物，也有天子、王侯、贵妇、官吏供养人及百姓等不同阶层的人物，还有来自西域及不同少数民族的人物。他们的服饰形态多样，图案描绘生动逼真，色彩华丽，将不同时期、不同民族、不同地域、不同文化服饰的多样性展现得淋漓尽致。

十六国及北魏前期的敦煌石窟艺术仍保留着明显的西域风格，人物造型朴拙，比例适度，采用凹凸晕染法形成特殊的立体感与浑厚感。这一时期的人物服饰多保留了西域及印度风习，菩萨一般呈头戴宝冠、上身赤裸、下着长裙、披帛环绕的形象。北魏后期，随着孝文帝的汉化改革，来自中原的汉风传至敦煌，在西魏及北周洞窟，人物形象与服饰造型出现“褒衣博带”“秀骨清像”的风格，世俗服饰多见蜚襳垂髾的飘逸之感，裤褶的流行为隋唐服饰的多元化奠定基础。整体而言，此时的服饰艺术呈现出东西融汇、胡汉杂糅的特点。

随着隋唐时期的大一统，稳定开放的社会环境与繁盛的丝路往来，使敦煌石窟艺术发展至鼎盛时期，逐渐形成新的民族风格和时代特色。隋代，服饰风格表现出由朴实简约向奢华盛装过渡的特点，大量繁复的联珠、菱形等纹样被运用到服饰中，反映了当时纺织和染色工艺水平的提高。此时在菩萨裙装上反复出现的联珠纹，表现为在珠状圆环或菱形骨架中装饰狩猎纹、翼马纹、凤鸟纹、团花纹等元素，呈现四方连续或二方连续排列，这种纹样是受波斯萨珊王朝装饰风格影响基础上进行本土化创造的产物。进入唐代，敦煌壁画与彩塑中的人物造型愈加逼真，生动写实的壁画再现了大唐盛世之下的服饰礼仪制度，异域王子及使臣的服饰展现了万国来朝的盛景，精美的服饰图案将当时织、绣、印、染等高超的纺织技艺逐一呈现。盛唐第130窟都督夫人太原王氏供养像，描绘了盛唐时期贵族妇女体态丰腴，着襦裙、半臂、披帛的华丽仪态，随侍的侍女着圆领袍服、束革带，反映了当时女着男装的流行现象。盛唐第45窟的菩萨塑像，面部丰满圆润，肌肤光洁，云髻高耸，宛如贵妇人，菩萨像的塑造在艺术处理上已突破了传统宗教审美的艺术范畴，将宗教范式与唐代世俗女性形象融为一体。这种艺术风格的出现，得益于唐代开放包容与兼收并蓄的社会风尚，以及对传统大胆革新的开拓精神。

五代及以后，敦煌石窟艺术发展整体进入晚期，历经五代、北宋、西夏、元四个时期和三个不同民族的政权统治。五代、宋时期的敦煌服饰仍以中原风尚为主流，此时供养人像在壁画中所占比重大幅增加，且人物身份地位丰功显赫，成为画师们重点描绘的对象，如五代第98窟曹氏家族女供养人像，身着花钗礼服，彩帔绕身，真实反映了汉族贵族妇女华丽高贵的容姿。由于多民族聚居和交往的历史背景，此时壁画中还出现了于阗、回鹘、蒙古等少数民族服饰，真实反映了在华戎所交的敦煌地区，多民族与多元文化交互融汇的生动场景，具有珍贵的历史价值。

敦煌石窟艺术所展现出的风貌在中华历史中具有重要地位，体现了中国传统服饰文化在发展过程中的继承性、包容性与创造性。繁复华丽的服装与配饰，精美的纹样，绚丽的色彩，对当代服饰文化的传承发展与创新应用具有重要的现实价值。时至今日，随着传统文化不断深入人心，广大学者和设计师不仅从学术研究的角度对敦煌服饰文化进行学习和研究，针对敦煌艺术元素的服饰创新设计也不断纷涌呈现。

自2018年起，敦煌服饰文化研究暨创新设计中心研究团队针对敦煌历代壁画和彩塑中的典型的服饰造型、图案进行整理绘制与服饰艺术再现，通过仔细查阅相关的文献与图像资料，汲取敦煌服饰艺术的深厚滋养，将壁画中模糊变色的人物服饰完整展现。同时，运用现代服饰语言进行了全新诠释与解读，赋予古老的敦煌装饰元素以时代感和创新性，引起了社会的关注和好评。

“丝绸之路系列丛书”是团队研究的阶段性成果，不仅包含敦煌石窟艺术中典型人物的服饰效果图，同时将彩色效果图进一步整理提炼成线描图，可供爱好者摹画与填色，力求将敦煌服饰文化进行全方位的展示与呈现。敦煌服饰文化研究任重而道远，通过本书的出版和传播，希望更多的艺术家、设计师、敦煌艺术的爱好者加入敦煌服饰文化研究中，引发更多关于传统文化与现代设计结合的思考，使敦煌艺术焕发出新时代的生机活力。

劉元風

2023年11月

自序

敦煌，有自十六国至元代十个历史时期的石窟壁画、彩塑和建筑，是举世闻名的文化遗产。莫高窟中除了大量珍贵的佛造像外，众多世俗人物形象也精彩绝伦，是构成敦煌石窟艺术体系的重要组成部分。这些世俗人物的服饰题材广泛，涵盖了故事画、经变画、史迹画中的世俗人物服饰以及供养人服饰，描绘出千载之下社会演进的多姿多彩与世间万象。

唐朝是敦煌石窟艺术发展的鼎盛期，佛教文化空前活跃，且与当时的生活、艺术结合紧密。这一时期的壁画现实因素逐渐增多，人物造像愈加生动，服饰样式丰富且极具代表性，因许多故事取材于现实生活，有具体的民族、年代，故人物形象基本上还原了当时服饰的特点；供养人服饰则真实地反映出丝绸之路上不同历史时期现实生活中人们的服饰造型及特征，尤其在晚唐时期的壁画中占据重要地位。

莫高窟初唐女供养人像多着紧身圆领窄袖小衫、套半臂，下着高束腰长裙，服装造型简约、剪裁精致，呈现出具有时尚感的女性审美特征；男供养人多戴幞头、着圆领袍、束革带、穿乌靴，为当时典型的服饰搭配式样。在盛唐多民族聚居和朝贡交流频繁的历史背景下，敦煌壁画中出现了很多民族风格鲜明的服饰。盛唐第194窟主室南壁一组庞大的各国王子听法图中，各身着极富地域特色的服饰人物为盛唐政治强大、邦交繁众的真实写照，是当时中国与中亚、西亚、南亚，乃至欧洲各国密切交往的实证，凸显出各族服饰特点鲜明的多元文化特征。莫高窟中晚唐世俗人物形象身份复杂，呈现出生动多样的服饰文化风貌，包括纯真可爱的孩童、正当妙龄的青年、白发苍苍的耆老等，记录了大历史背景下，上自冕旒衮服的帝王、臣子，下至各行各业的黎民百姓等社会群体，有侍从、侍女、农民、商贾、僧侣、猎户等，可谓是人间百态与社会万象的缩影。中晚唐时期女性供养人的服饰风格明显受到吐蕃和回鹘服饰的影响，贵族妇女在正式场合多着袖口较宽的大袖襦、披帛，下身则为曳地长裙，其衣冠的华美程度是唐前期所不及的。敦煌壁画中描绘的世俗人物服饰还表现出世俗生活与佛教故事、西域艺术之间的交流融合，不仅再现了当时现实世界中不同社会阶层的服饰礼制以及典型的服装款式与搭配特点，也充分折射出当时社会经济繁盛、文化融合的特点，反映出多元服饰文化的交流互鉴。

其中女性世俗人物像中的头饰、发式、面妆也反映出不同时期的流行风尚。唐前期妇女往往于头发上插花朵或不加装饰，中唐融合外域配饰，晚唐则尽显绚丽怪诞。且中唐以来，女子的发式逐渐繁复化，出现了发鬟如丛立在头顶的式样。唐后期妇女头上的装饰渐多，特别是晚唐、五代时期，妇女头上插簪、插梳子等装饰物越来越流行，如晚唐第9窟供养人像在头上插满簪、花朵，多至十数件。中晚唐时期的贵族阶层沉迷享乐，盛唐妆饰的雍容之风逐渐发展为奢华，面饰方面，额黄、花钿、面靥、斜红均得以继承，花钿和面靥的材质及形状越来越华丽复杂，面妆花钿也摒弃了抽象化图纹，转而使用写实的花草形状。这一时期的唇妆也变得更加小巧圆润。白居易曾作《时世妆》一诗来描述当时最流行的妆饰，“时世流行无远近，腮不施朱面无粉。乌膏注唇唇似泥，双眉画作八字低。妍媸黑白失本态，妆成尽似含悲啼。圆鬟无鬓椎髻样，斜红不晕赭面妆。”女性的着装常常是一个时代文化艺术风貌的缩影，莫高窟壁画中初、中、晚唐世俗女性形象所呈现出来的服饰文化风貌，是中华服饰历史中的珍贵篇章，彰显了古人的浪漫才情与生活智慧，这些珍贵的图像资料成为研究唐代文学绘画、世俗风貌的重要资源。

敦煌石窟的整体发展在五代之后至宋步入末期，艺术的创造力和感染力逐渐减弱，许多壁画和彩塑造像出现了程式化的现象。但此消彼长，这段时间其对于服饰文化来说却愈发异彩纷呈、百花争艳。由于多民族聚居的历史背景，这一时期壁画中出现了于阗皇后、回鹘王妃、回鹘公主等，这些地位显赫的女供养人的服饰妆容十分精致，其头部装饰相较唐朝更加复杂，面部贴花的形式也变化多端。综上所述，敦煌石窟壁画中的世俗人物服饰艺术是中古时期中国服饰文化的集大成者，构成中华服饰文明的重要组成部分，为研究世界民族服饰发展提供了宝贵样本。

编者按时期分别对初唐、盛唐、中晚唐、五代敦煌石窟中世俗人物形象的服饰造型进行了较为全面的整理绘制，对其服饰特征进行了说明，分上、下两卷集成世俗人物卷。本书着眼于从服饰文化的视角重新审视、重新探究、重新提炼、重新绘制敦煌壁画中的世俗服饰，以彩色服饰图、线描服饰图及相关局部配饰图的形式呈现，希望以图像形式为媒介，为敦煌文化艺术爱好者提供有益的学习参考。

吴波

2024年1月

目录

盛唐

中晚唐

五代

手绘细鉴

盛唐

莫高窟盛唐第199窟主室西壁龛内迦叶尊者服饰

图文：李迎军

第199窟主室西壁龛内的迦叶尊者双手持一卷经卷，神态虔诚、毕恭毕敬地肃立在覆瓣莲花台上，身披田相袈裟，上面装饰红、绿、蓝三色的五瓣花纹，这种形似梅花的圆形图案在初唐的弟子袈裟上就已经出现，花纹风格简洁、典雅。

绘图：余颖

莫高窟盛唐第199窟主室西壁龛内弟子服饰

图文：李迎军

第199窟主室西壁龛内的这身弟子体态丰腴，身披朱色田相袈裟，田相与袈裟底色的色相相同，只是明度有异，整件袈裟没有复杂的图案装饰，色调统一，简约但不单调。采用盛唐最普遍的右袒式披法穿着袈裟，即将袈裟覆左肩，从后面络右腋，再从右腋下提起袈裟一角搭在左臂上。这种披法使袈裟里面（反面）也随披挂的翻折而显露出来，袈裟里、面的颜色与图案随穿着而交错显现，呈现出别具特色的韵味。

绘图：余颖

莫高窟盛唐第217窟主室西壁迦叶尊者服饰

图文：李迎军

盛唐第217窟主室西壁迦叶尊者像绘于主尊佛北侧，手持香炉，身披红、绿、灰三色相间的山水纹田相袈裟肃立在莲花座上，身体左右两侧手臂的肢体动作与袈裟的披挂方式被前面的浮塑佛光与头光挡住。在绘画整理时，笔者按照唐时期袈裟披挂的惯用方式，并参照莫高窟第127窟南壁弟子像、第420窟主室西壁龛内弟子像的造型绘制出被遮挡部分的人物形态及服装结构。

绘图：李轶潇

莫高窟盛唐第217窟主室北壁东侧韦提希夫人服饰一

图文：吴波

此图位于第217窟主室北壁东侧的“十六观”中，韦提希夫人头戴宝冠，似祥云又似卷曲盛放的菊花，与同窟菩萨所戴冠型类似，一方面展现出繁复精致的造物之美，另一方面也表现出菩萨服饰与世俗服饰之间相互借鉴的关联性。韦提希夫人柳叶眉，朱红唇，神态庄重虔诚。内着曲领中单，外着深色大袖对襟袍服，领缘、衣摆底缘、袖祛为深蓝色。

绘图：余颖

莫高窟盛唐第217窟主室北壁东侧韦提希夫人服饰二

图文：吴波

图中盛唐第217窟主室北壁东侧韦提希夫人头梳惊鹄髻，身着襦裙外加半袖，袖有深蓝色的袖祛，手肘以下袖袂部位下垂，形似垂胡袖。在《释名疏证补》中释文："下垂曰胡。"盖胡是颈咽皮肉下垂之义，因引申为衣物下垂者之称，古人衣袖广大，其臂肘以下袖之下垂者，亦谓之胡，即垂胡袖。

绘图：赵茜

莫高窟盛唐第217窟主室东壁女子服饰

图文：吴波

第217窟主室东壁画中的两位女子均梳抛家髻，穿着半袖襦裙。右侧女子着黄色对襟半袖，左侧女子着绿色半袖仅显腰背局部。两件半袖衣长均短至腰上，接近乳之下缘，或在门襟下摆处系结，或于门襟中部系结。女子内穿小袖曳地长裙，有小花朵装饰，右侧绛红底白色花朵三瓣，左侧赭石底白色花朵四瓣。右侧女子足穿云头履，左侧女子仅显现鞋跟部。

绘图：余颖

莫高窟盛唐第217窟主室东壁男子服饰一

图文：吴波

此图为第217窟主室东壁法华经变“观音普门品”中的一位世俗男子，似乎正在叱责跪在身旁的人，呈愤怒状。男子头戴幞头，后垂两脚，身穿翻领襴袍，此领口外翻的样式明显受到胡服的影响，袖口加长，遮蔽双手。腰束革带，足蹬乌皮靴。

绘图：魏佳欣

莫高窟盛唐第217窟主室东壁男子服饰二

图文：吴波

此图为第217窟主室东壁法华经变“观音普门品”中的一位世俗男子。男子头戴褐色幞头，足蹬褐色皮靴，身穿绛色翻绿领襕袍。男子袒露右臂和胸怀，右袖由后背向前环系于腰部。袍的外层面料为绛红色，在翻开的衣领、衣摆、袖口处，均能看到石绿色内衬。

绘图：魏佳欣

图文：吴波

此图出自第217窟主室南壁说法图西侧。学术界对该壁画内容存在争议，有“法华经变说”与“佛顶尊胜陀罗尼经变说”两种观点。本图以“数字敦煌”相关解说和日本学者下野玲子的观点为依据，以“佛顶尊胜陀罗尼经变说”为准。此为说法图中佛陀波利骑行返西土取经的场景。佛陀波利手执马鞭，罩绛红饰蓝边袍，着绿色镶边大口裤。

绘图：魏佳欣

莫高窟盛唐第217窟主室南壁比丘服饰

图文：吴波

此图为第217窟主室南壁“佛顶尊胜陀罗尼经变说”中的比丘形象。比丘身穿胡衫，胡衫本指胡服，后泛指源于西域少数民族的服饰，其典型形制为锦绣浑脱帽、翻领窄袖袍和透空软锦靴。

绘图：魏佳欣

莫高窟盛唐第217窟主室南壁婆罗门僧侍从服饰

图文：吴波

第217窟主室南壁图中作为二比丘的引导侍从为婆罗门形人物，即婆罗门僧佛陀波利从故乡带来的随从者，其典型形象为深目高鼻，葛布缠头，上身袒裸，披长巾，下着花短裤或裙，系围腰，赤足，戴足钏，有的还戴珥珠。此图中侍从头裹石绿色葛布，双色长巾从右肩斜挎，于背后缠绕至左臂下垂，着绛红色短裙，长度及膝。

绘图：陈诗曼

莫高窟盛唐第219窟主室西壁龛外南侧女供养人服饰一

图文：吴波

此图为第219窟主室西壁龛外南侧壁画中力士台下的女供养人，梳双髻，身穿襦裙，上身为窄袖襦，下穿橘色曳地长裙，足蹬岐头履。此身襦裙样式沿袭了隋代的风格，裙身瘦长，较为合体。在图中，帔一端掖入左侧裙腰之中，其余的帔绕过左肩，披盖后背，于右肩往前，搭于左臂之上后垂下。

绘图：赵茜

莫高窟盛唐第219窟主室西壁龛外南侧女供养人服饰二

图文：吴波

此图为第219窟主室西壁龛外南侧壁画中力士台下的女供养人，头梳高髻，身穿襦裙，上身为窄袖襦，呈浓郁的绛红色，双手藏于袖袂之中。外披棕黄色的帔，在靠近颈侧有绿色缘边，帔的一端掖入左侧裙腰之中，其余的帔绕过左肩，披盖后背，于右肩往前，盖过双手后垂下。供养人下着深色曳地长裙，足蹬尖头履。

绘图：赵茜

莫高窟盛唐第225窟主室南壁龛西侧弟子服饰

图文：李迎军

这身位于第225窟主室南壁龛西侧的弟子双手合十，披田相袈裟，赤脚站于莲花台上。该身弟子采取将袈裟覆左肩、络右腋的穿着方式，这是在敦煌莫高窟中常见的右袒式披法，但与右袒式通常采用的袒右臂、斜披穿着的方式有所区别。这身弟子原本绕在后背的袈裟边缘搭在右肩上，从而形成覆双肩、斜披穿着的造型，该穿着方法与第217窟西壁龛内迦叶尊者的穿法相同。

绘图：陈诗曼

莫高窟盛唐第444窟主室东壁骑士服饰

图文：李迎军

在第444窟主室东壁，画师通过沉稳的色块与粗犷的笔触，将顶盔掼甲的骑士与肥健彪悍的骏马表现得威风凛凛、活灵活现。画面中手持短剑、纵马飞奔的骑士头戴兜鍪、盔缨高耸，身着披膊、护臂、身甲、腿裙、胫甲，腰系皮带，脚穿皮靴。从壁画线条中可以判断，甲衣是通过无数细小的甲片串缀起来的，并且甲衣的整体造型紧窄适体，便于肢体灵活地运动。

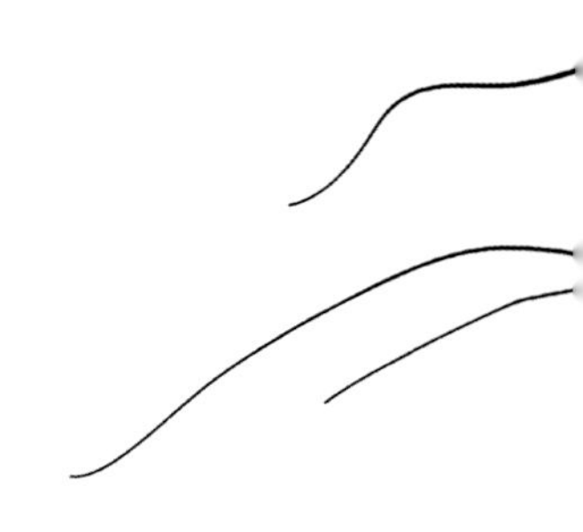

绘图：魏佳欣

莫高窟盛唐第445窟主室北壁西侧剃度图一

图文：刘元风

第445窟主室北壁西侧《剃度图》为《佛说弥勒下生成佛经》中的主要内容之一。画面主要表现了宫廷妇女剃度出家的现实场面。其中，法师上身穿棕色的大袖衫，下着绿色落地长裙，外披土黄色袈裟，袈裟内里为蓝色，脚上穿笏头履，持剃刀削发；被剃度者上穿绿色襦，下着高腰阔裙，裙上有精致的花枝点缀其间，脚穿翘头履，身披白色围布正襟危坐；侍婢头梳双丫髻，上身穿圆领袍，腰系黑色带子，并有珠串装饰，脚上穿布履，双手轻奉柳条编制的筐篓作为剃度发具，跪地承接被剃度者的落发；另有一比丘尼上身穿交领偏衫，领子镶有贴边，外穿黄色袈裟，双手撑起袈裟遮挡。

绘图：陈诗曼

莫高窟盛唐第445窟主室北壁西侧剃度图二

图文：李迎军

第445窟主室北壁西侧的《剃度图》场面宏大、人物众多。这一场景的中心是一位神情虔诚、正在接受剃度的老者。他正襟危坐，双手扶在膝上，穿着红色交领半臂上衣，内衬的绿袍下露出白色长裤，脚穿圆形翘头履。为老者剃度的比丘神态平和安详，身着袈裟持刀做剃发状。戴幞头的侍者跪在老者身侧，双手托着盛装老者剃下长发的藤编托盘。后侧的比丘张开手臂，双手展开袈裟，头却望向了女眷剃度的另一个方向，通过肢体语言建立起与其他帷幕单元的关联。

绘图：陈诗曼

莫高窟盛唐第445窟主室北壁西侧剃度图三

图文：李迎军

图为第445窟主室北壁西侧《剃度图》画面左侧儴佉王的王妃、女眷们剃度出家的场面。正在接受剃度的女眷穿着红色窄袖襦与绿色长裙，双手虔诚合十端坐在凳子上。身后的侍女梳双髻，着一侧领子翻下的男式圆领襕衫，持盘恭敬伺候。三个人物身份明确、形态各异、个性鲜明、惟妙惟肖。画面中描绘的“女着男装”是盛唐时期的流行时尚，被称为“丈夫靴衫”或“幞头靴衫”。

绘图：陈诗曼

莫高窟盛唐第445窟主室北壁大臣服饰

图文：李迎军

图为第445窟主室北壁画中剃度仪式上成排侍立的大臣之一。他神情虔诚恭敬，拱手，躬身侍立在剃度团队后边。大臣戴进贤冠，穿交领大袖襦，腰中系革带，下着白裳；着红色襦，上襦的领口、衣襟、袖口均有异色宽缘装饰。

绘图：陈诗曼

莫高窟盛唐第445窟主室北壁跪拜比丘服饰

图文：吴波

此图为第445窟主室北壁弥勒经变中跪拜的两位比丘，绘于经变的中部。图中两人均穿袈裟，左边弟子穿红色格纹田相袈裟，内着绿色僧祇支；右边弟子的袈裟为赭红色，在背部还有蓝色布帛搭饰，内着灰色僧祇支。他们虽背对观者，仅见侧面轮廓，但还是能从其肢体语言中感受到他们正在虔诚地倾听。

绘图：赵茜

中晚唐

莫高窟中唐第158窟主室北壁西侧吐蕃赞普与侍从服饰

图文：李迎军

第158窟主室北壁西侧吐蕃赞普乌发中分、耳后结辫，头戴红色朝霞冠与金色五佛冠，身着左衽团花翻领袍，腰系革带，足穿乌皮靴。赞普两侧侍从的发型、服饰基本一致，头发中分，在耳后结辫并于颈后连成环状，发辫上系绒球，头缠红抹额，身穿左衽翻领袍，腰系蹀躞带，腰后佩两把短刀，身上斜挂长剑。

绘图：付乐颖

莫高窟中唐第158窟主室北壁西侧中原帝王及各族王子服饰

图文：李迎军

第158窟主室北壁西侧的中原帝王头戴三旒冕冠，上身穿大袖袍，内着曲领中单，下着裳，穿蔽膝，腰间系大带，脚上着舄。其余数人为各族王子。其中，有一位王子肤色黝黑、红色卷发、鼻头肥大、嘴唇丰厚，戴金色头箍、耳珰、项圈，左肩斜披络腋；位列后排头戴插双鹖尾小冠的王子，以鸟羽装饰头冠是高句丽服饰的典型特征。

绘图：付乐颖

莫高窟中唐第159窟主室东壁南侧吐蕃赞普及侍从服饰

图文：吴波

第159窟主室东壁南侧壁画中的吐蕃赞普头戴朝霞冠，外系红抹额，帽尾留巾角，发髻堆于两颊。他身着浅色左衽翻领长袍，翻领为褐色，袖长几乎垂地，腰间束革带，佩短刀。其长袍侧面开衩，露出石绿色饰红色缘边的衬袍，足穿靴，右手持香炉。后有吐蕃侍从为其持华盖，所穿服饰与赞普近似，只是袍服衣袖短便，装饰简朴。

绘图：陈诗曼

莫高窟中唐第159窟主室东壁南侧吐蕃侍从服饰

图文：吴波

第159窟主室东壁南侧壁画中的吐蕃侍从位于吐蕃赞普的前方，转身回望赞普，似在沟通交流。其冠饰亦为朝霞冠搭配红抹额，辫发束髻固定于面颊两侧。身穿浅棕色长袍，袖长几乎及地，饰有云肩，袖口与云肩描绘卷草纹样。长袍后中开衩露出绿色饰朱色缘边衬袍，足穿靴，腰佩蹀躞带，两把短刀交叉插于后腰间。

绘图：陈诗曼

莫高窟中唐第159窟主室西壁龛内南侧彩塑阿难尊者服饰

图文：刘元风

第159窟主室西壁龛内南侧的彩塑阿难尊者内穿绿色的僧祇支，中层是绿色长袖襦，僧祇支和长袖襦都装饰有“一整二破”的二方连续茶花纹样的缘边，下身着绿色覆脚长裙。裙子贴边的纹样形式与襦缘装饰的内容相同，外披红色袈裟，材质轻柔，富于悬垂感和适体性。

绘图：赵茜

莫高窟中唐第197窟主室西壁龛内北侧弟子服饰

图文：李迎军

第197窟主室西壁龛内北侧的这身手持经卷做讲解状的弟子体态丰腴，身披田相袈裟，下穿百褶裙，脚上穿履。田相袈裟因由条相将袈裟分成若干方块、形如水田而得名，也称田相衣、水田袈裟。这身弟子像中田相袈裟的图案造型独特，描绘细腻，施色清丽。

绘图：魏佳欣

莫高窟中唐第225窟主室东壁王沙奴服饰

图文：刘元风

第225窟主室东壁中的王沙奴容貌丰满，曲眉直鼻，双目平视，留有胡须。双手执长柄香炉，呈胡跪姿态。着吐蕃装束，黑皮包耳，头裹红抹额。内穿红色的圆领衫，外着土黄色的翻领宽袖落地长袍，并配有绿色的右翻领和袖口。服饰与人物的动态都充分体现出人物供养之虔诚。

绘图：李轶潇

莫高窟中唐第225窟主室东壁女供养人服饰

图文：吴波

图中女子为第225窟主室东壁中的女供养人，做胡跪状，左手施印，右手持长柄香炉，梳丛髻，上着肉粉色宽袖对襟短襦，并搭配饰有小花的红色披帛，下着绿色高腰长裙。此类装扮始于盛唐，至中晚唐时期仍颇为流行。

绘图：陈诗曼

莫高窟中唐第231窟主室东壁门上男供养人及侍从服饰

图文：吴波

莫高窟中唐时期第231窟又名“阴家窟”，在其主室东壁门上，画中阴伯伦夫妇相对跪于题碑的南北两侧。阴伯伦胡跪于方毯上，左手持一长柄香炉，右手施印；身穿红色圆领长衫，腰束革带，在左腰侧的带銙下悬鱼袋。其身后站立一位侍童，穿着深褐色圆领缺胯袍，丝绦束发，革带束腰，双手捧供养品。

绘图：侯雅庆

莫高窟中唐第231窟主室东壁门上女供养人服饰

图文：吴波

第231窟主室东壁门上画中的女供养人为阴处士之母索氏，她双手捧一无柄香炉，高发髻间装饰数个花钗与宝簪，面部丰腴，柳眉纤细，两眉间饰有花钿。身着长袖襦裙，上襦为橘红色，饰有线状花纹，下襦为石青色缬染长裙，外披网状的黑色披帛，披帛上点缀石绿色小花。

绘图：余颖

莫高窟中唐第231窟主室东壁门上侍女服饰

图文：吴波

图为第231窟主室东壁门上画中阴处士之母索氏身后侍女，头梳双垂髻，面部饰有胭脂，神态娇憨可爱。身穿圆领缺胯袍，土橘底色上描绘石青色团花，腰部由石绿色带子系束，内衬深色长裙，手捧供养物。

绘图：余颖

图文：李迎军

第231窟主室东壁门北中正面示人的吐蕃侍从头发中分梳向两侧，发辫上系有红色绒球装饰。头上缠彩色图案的抹额，颈上戴珠链，身穿左衽长袖翻领长袍，外翻的领口与袖缘有兽皮装饰，腰系蹀躞带，腰后佩两把短刀，下身内着彩裙，脚穿乌皮靴，身上斜挂长剑。从侍从的脸上还可以清晰地见到红色颜料描绘的痕迹。另一侍从绘制在礼佛队列的前方。两侍从形象刚好一正一背，似在行进途中一起回头听身后吐蕃赞普的指示。从服装形态上看，二人的着装及配饰几乎一致，两身造型的正背面刚好可以对应起来，清晰地呈现出吐蕃侍从服饰的全貌。

绘图：李轶潇

莫高窟中唐第231窟主室东壁门北吐蕃侍从服饰二

图文：李迎军

第231窟主室东壁门北中的吐蕃侍从头戴虎皮帽，头发在耳侧编起并以红绳系于颈后，发辫上系有红色绒球装饰，身着半袖左衽虎皮上衣，腰间系蹀躞带，下身着豹皮裙，内衬侧开衩裙或窄袖长袍，脚穿乌皮靴，肩上斜挂八字格长剑。

绘图：赵茜

莫高窟中唐第468窟主室西壁龛下女供养人服饰

图文：吴波

第468窟主室西壁龛下的女供养人在前，面容圆润，梳丛髻，髻中上下相对插两把梳子，上着朱丹色小袖上襦，下着绿色长裙，胸部系带下垂，双肩披网纹纱帔，足穿云头履。身后侍女梳双髻，着男式绣花圆领缺胯袍，腰束帛带，露出石绿色饰红色缘边的衬袍，穿靴。女供养人及侍女均双手合十，分持长茎莲花、花苞供养。

绘图：李轶潇

莫高窟晚唐第9窟主室东壁门南侧女供养人服饰

图文：刘元风

第9窟主室东壁门南侧中的女供养人云鬓高耸，佩戴金色的凤冠及夸张的头饰，其上有梳篦、花钗、骨簪等华丽的饰物，颈部佩戴精美的瑟瑟珠项饰。身穿锦绣大袖襦，内有白纱笼袖蔽手。下着齐胸曳地长裙，长袖襦和长裙上装饰着精美的环状绣花图案。肩披黄、白、蓝三色相间的帔巾，另有腰部垂下的朱红色丝带。其容貌丰腴饱满，弯眉秀目，樱桃小口，额上饰花钿，双手持圆盘托举莲花，静心供养。

绘图：余颖

图文：刘元风

第12窟主室东壁女供养人中的母亲手持长柄香炉，上身穿黑褐色花草叶纹阔袖襦，下身穿石青和石绿染缬渐变的齐胸落地长裙。肩披白色的网纱丝帛，另系有棕色的条带垂落身前。

绘图：余颖

莫高窟晚唐第12窟主室东壁女供养人服饰二

图文：刘元风

在第12窟主室东壁的女供养人中，位于母亲身后的女儿手持鲜花，上穿石绿色大袖素襦，下着土红和深红相间晕染的长裙，肩搭白色网纱丝帛，着如意云头履，梳高耸的云头髻，上面佩戴花束、骨篦、花钗和玉簪。

绘图：余颖

莫高窟晚唐第17窟主室北壁西侧近事女服饰

图文：刘元风

第17窟主室北壁西侧的近事女头梳双垂髻，左手持巾，右手执长杖。身穿浅黄色男式圆领袍服，袍服的袖口处露出内里的绿色，腰间系有白色的腰带。从袍服的左右开衩处可以看到里面穿着深绿色的裤和女式线鞋。

绘图：付乐颖

莫高窟晚唐第17窟北壁坛上彩塑高僧服饰

图文：刘元风

第17窟北壁坛上，一身彩塑高僧结跏趺坐于此，即吴洪辩像。此洪辩真容像推测为其弟子悟真等所塑，禅床上的洪辩气定神闲，目光睿智，身着通肩式田相袈裟。塑像上的僧衣已斑驳褪色，只依稀可辨其袈裟图案为石青、石绿及褐色颜料所绘的树皮纹，树皮纹即树皮袈裟的图案。

绘图：赵茜

莫高窟晚唐第85窟主室南壁东侧善友太子与利师跋国公主服饰

绘图：陈诗曼

第85窟主室南壁东侧画中，善友太子着绿缘边蓝色宽袖上襦，下着浅色裙，裙上似系有绛纱蔽膝，此装扮似汉族王侯冕服，依礼制推测应戴冠。利师跋国公主梳高髻，身着宽袖蓝缘边赭色上襦，浅色长裙，服饰高贵典雅。

图文：吴波

莫高窟晚唐第138窟主室东壁郡君太夫人服饰

图文：刘元风

第138窟主室东壁的郡君太夫人身穿深蓝色的织锦大袖袍服。袍服上面装饰着凤鸟与花叶组合的团形图案，领缘和袖口处有二方连续花纹贴边。郡君太夫人胸部露出橘黄色的高腰内裙，内裙上部饰有宝相花图案的胸带。她肩披黄色的印花披帛，身前有自腰部垂落的红色丝带，脚踏红色绣花云头履。整体服饰给人雍容华贵之感，从中体现出家族的显赫地位和奢华之风，而且这种服饰风尚一直影响到五代及宋代前期的着装样貌。

绘图：余颖　付乐颖

莫高窟晚唐第138窟主室东壁郡君太夫人头饰与妆容

图文：刘元风

第138窟主室东壁的郡君太夫人的头饰与妆容极具典型性，其妆容精致，化胭脂红粉妆，并贴有多彩的花钿（鸳鸯、莲花等）。头梳包耳发髻，佩戴金色的凤冠及夸张的头饰，其上有梳篦、花钗、骨簪、流苏等华丽的饰物。

绘图：余颖

莫高窟晚唐第138窟主室东壁侍女与孩童服饰

图文：吴波

第138窟主室东壁中的侍女头梳双环望仙髻，身穿橘色窄袖短襦搭配石绿色长裙，在襦之上，披挂一条白帔。她怀抱中的幼童舒展双臂，右手持莲苞。幼童的困子下还露出了半截袜肚，今称为“肚兜”。图中姐弟牵手对望，均着翻领长袖缺胯袍，款式相近。姐姐头梳双垂髻，发髻堆于两颊，脖间佩戴瑟瑟珠，弟弟头顶扎髻。两人所穿缺胯袍下有花纹短裙，长度及膝，短裙之下似着“合裆裤”。

绘图：付乐颖

榆林窟中唐第25窟主室西壁门北侧昆仑驭手服饰

图文：李迎军

榆林窟第25窟主室西壁门北侧中的昆仑驭手，上身缠绕络腋，下身着饰有伊卡特纹样的缠裹式短裤，佩戴颈圈、臂钏等饰品。其中，作为服装主体的络腋与短裤都是将一块完整的布料以缠裹的方式塑造出来的，这种缠裹式的穿着方式与印度传统服装的穿着方式相同，具有典型的南亚、东南亚特色。

绘图：赵茜

藏经洞出土唐代绢画药师如来立像与供养人服饰

图文：吴波

图中药师如来外着红色袈裟，偏袒式穿着，这一样式为“半披式”，内里上着绿色僧祇支，通肩穿着，覆盖双肩的僧祇支从右肩垂悬至右腕，衣缘呈“U”字形，下着绿裙。男供养人头戴折脚幞头，着橘色圆领衫，束革腰，脚蹬乌皮六缝靴。女供养人梳高髻，着红色窄袖上襦，素色曳地长裙。女供养人所穿百合履，履头被制作成数瓣，交相重叠，似植物百合的样子。

绘图：侯雅庆

藏经洞出土唐代绢画引路菩萨图中贵妇服饰

图文：刘元风

图中贵妇头梳高大的包耳髻发，头上的装饰品多用金箔进行点缀。身上穿着红、黄两色的对襟阔袖宽袍，内着绿色的齐胸曳地长裙，衣料质地优良，装饰考究，充分显示其尊贵的身份与高雅的气质。整体服饰装扮是晚唐时期盛行于宫廷及上层社会的典型样式。

绘图：余颖

藏经洞出土唐代绢画行道天王图中供养人服饰

图文：张春佳

图中为藏经洞出土唐代绢画《行道天王图》中的人物形象，位于毗沙门天王出行队伍中靠前的位置，对于其身份有多种猜测，大多称其为“供养人”。此人物形象为文官状，其含蓄文雅的造型与其他武将和力士等区别较大，并且由于其紧随毗沙门天王行走在队伍中，也有学者称其为“毗沙门天王的另一个儿子”。该人物形象头顶金冠，上着曲领大袖袍服，衣身宽博，长仅过膝，下着曳地白裳，袍服袖口与底摆边缘有绿色饰边，整体形象简洁大气。

绘图：付乐颖

藏经洞出土唐代绢画携虎行脚僧服饰

图文：刘元风

图中行脚僧身穿褪色的交领上衣，上衣领缘为蓝色，下穿浅黄色束脚裤，并配褐灰色的散褶裙，外披蓝色袈裟。袈裟的条状结构为深蓝色，上面装饰三个菱形组合的金色图案，脚下是褐色的深靴。

绘图：魏佳欣

藏经洞出土唐代绢画骑马的贵人和侍从服饰

图文：刘元风

画面中的贵人和侍从均骑着白色的马匹。贵人神态安详，浓眉凤眼，鼻直口方，留有胡须，头戴进贤冠，内穿白色曲领中单，外着红、黑两色相间的大袖袍，其领子和袖缘为绿色，下着灰色的长裤，脚踏乌头履。年轻的侍从头戴幞头，身穿红色圆领长衫，脚上是黑色的皮靴。

绘图：魏佳欣

藏经洞出土唐代绢画观无量寿经变末生怨中大臣服饰

绘图：侯雅庆

图中两位大臣服饰相近，均头戴进贤冠，饰簪导，身穿大袖袍服，腰系革带，腰后垂绶带。后腰垂挂绶带，来自古代的佩绶制度，由玉佩和组绶构成。

图文：吴波

图文：吴波

图中左侧手持剃刀者梳高髻，系浅色宝缯，穿左衽大袖袍，内着曲领中单，脚穿歧头履（也称“分梢履”，即鞋子的头部分歧，一般制作成两个尖角，中间凹陷，男女均可穿着）。位于持刀剃发者旁边的人物，双肩披红帔，下着橘色长裙，腰部系有浅色小绶，绶带中间处打结，赤足，双手合十作供养状。

绘图：赵茜

五代

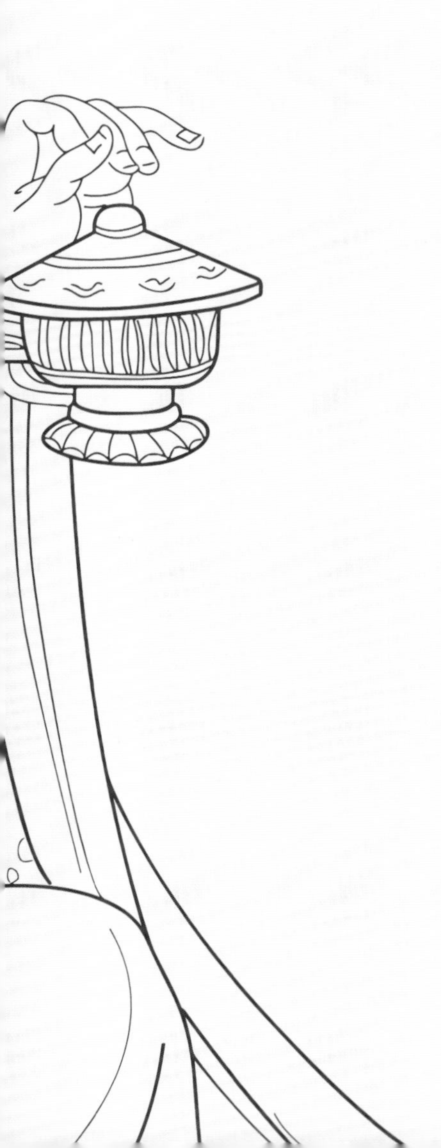

榆林窟五代第19窟甬道北壁凉国夫人服饰

图文：刘元风

榆林窟第19窟甬道北壁中的凉国夫人形象端庄秀雅，眉目含情，额上点花靥，面部饰花钿，双手端持花盘。其穿着的整套服装主要有四件：第一件是内穿的白色交领襦衫；第二件是红色的高腰曳地长裙，将内穿的襦衫束在高腰长裙里，高腰裙上部是较宽的裙腰；第三件是襦衫外穿的乳白色对襟大袖衫；第四件是外穿的第二层红色对襟大袖衫。另外还有装饰以二方连续花纹的橘黄色的披帛自肩部绕臂垂落。脚穿花头履。凉国夫人头戴桃形凤冠，两鬓包面，头上插有梳篦、花叶钗、簪子和步摇，两侧有鸟衔花枝流苏；颈部佩戴珠串式项链。

绘图：余颖

莫高窟五代第61窟主室东壁门南侧于阗皇后服饰

图文：刘元风

第61窟主室东壁门南侧的于阗皇后双手捧花盘，虔诚供奉，内穿淡黄色齐胸衫，腰系丝质腰带，其两端自然垂落于身前。外着红色大袖曳地长袍，袖口处有褐色折边。橘黄色鸟衔花枝纹样的披帛自双肩绕臂飘洒而下，脚着花头履。皇后头梳高发髻，鬓发包面，头上佩戴硕大的凤冠。凤冠由冠座和冠体构成，立体凤纹，其姿态昂首挺胸、舒展双翅、高翘凤尾，整体外形框定在一个桃形之中，故称桃形凤冠。鬓发、额发及凤冠上镶满珠圆润泽的碧玉，发髻两侧插有凤钗和步摇。颈部的瑟瑟珠项链和耳珰上也镶有碧玉。

绘图：付乐颖

莫高窟五代第61窟主室东壁门南侧回鹘公主服饰

图文：刘元风

第61窟主室东壁门南侧的回鹘公主头梳高髻，两鬓包面，以红绢带束髻并垂于后侧。在额发和鬓发上均贴饰花钿，头两侧各插一镶嵌碧玉的银钗和步摇，头上佩戴桃形金凤宝冠。公主面部贴饰花钿，化红颊妆，饰耳珰与瑟瑟珠。内穿淡黄色小碎花圆领衫，外着褐红色曳地长袍，大翻领，袖口翻折收窄，领子和袖口均有鸟衔花枝刺绣图案。腰部两侧有菱形贴片，上面点缀与领袖相同的纹饰，并有红色的系结丝带绕手臂而垂落身前。脚穿绣花云头履。

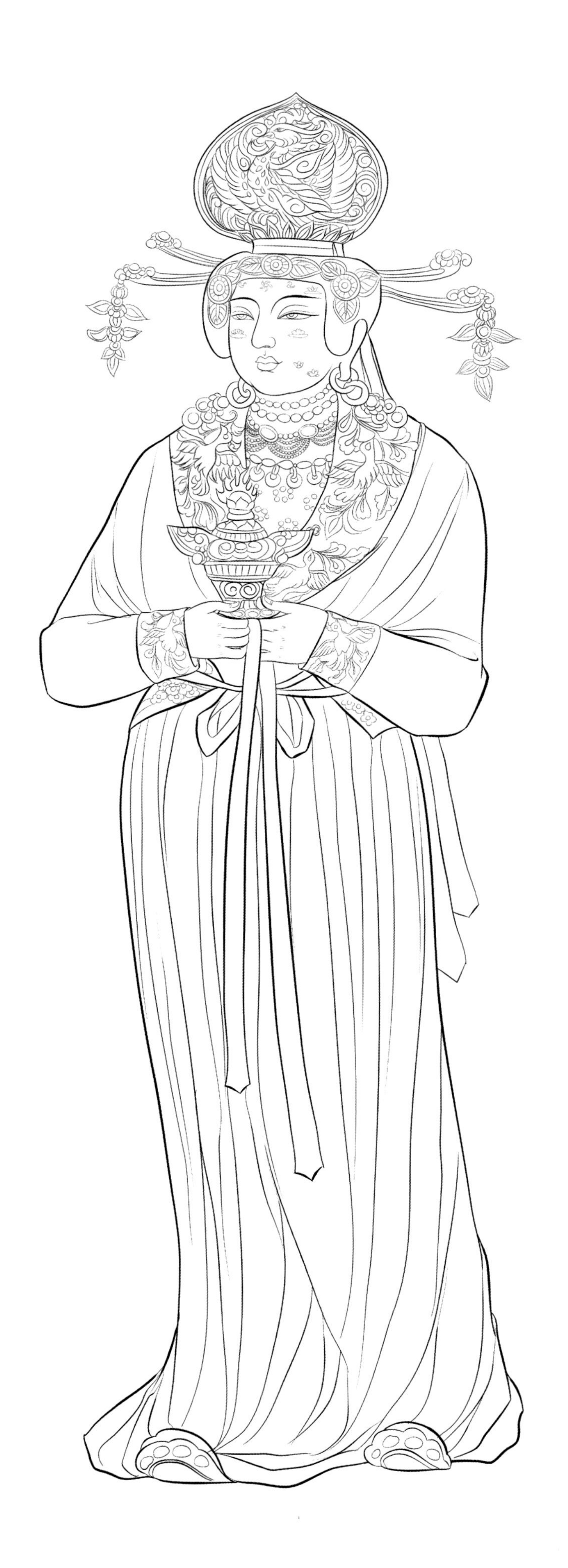

绘图：付乐颖

莫高窟五代第98窟主室东壁门北侧回鹘公主服饰

图文：刘元风

第98窟主室东壁门北侧的回鹘公主头梳高髻，鬓发包面，两颊涂胭脂，眉间贴饰六瓣花钿，头上佩戴桃形凤冠，凤冠的底部由红色的丝带系结并垂于背后。发髻两侧各插一支步摇，步摇上有碧玉点缀。身穿红色圆领窄袖通体锦袍，上面彩绣有雀鸟衔花枝圆形适合纹样，以四方连续的形式装饰其间，使其华而不艳、贵而不炫，袍身上窄下宽，袍裾覆脚。

绘图：余颖

藏经洞出土五代绢画引路菩萨图中贵妇服饰

图文：刘元风

《引路菩萨图》中的贵妇头梳云髻，佩戴银鸟展翅状的珠宝花钗，花钗中心部有小菱形的金箔点缀，两侧有银梳和玉簪，珠串式的耳饰，颈部佩戴叠式珠串项饰。内穿浅黄色交领丝质曳地长裙，领口有红色的缘边，外着蓝色对襟大袖襦，两侧有高开衩，开衩处镶饰玫红色的绲边。玫红色的披帛自后肩绕双臂垂落身前。脚穿棕色翘头履。

绘图：魏佳欣

图文：刘元风

图中供养人容貌秀雅，神态安详，头梳偏髻，鬓发包面，头上佩戴大朵的鲜花绿叶陪衬，另佩戴银梳和银钗。颈部戴有黑绿相间的珠串项链。右手持长柄香炉，左手轻扶香炉，坐于浅棕色的床座之上呈供养状。其内穿白色高腰裙，裙子的领缘和袖缘为浅黄色。红色的裙腰上有四瓣花图案装饰，腰间有红色的襳褵垂落。外穿白色的袍服，白色的披帛自肩部绕左臂飘落。

绘图：魏佳欣

手绘细鉴

图文：吴波

唐代女子发髻式样丰富，有“半翻髻”“惊鹄髻”“初唐式高髻”“反绾髻”“双环望仙髻”“盛唐式高髻”“倭堕髻”“球形髻”“扁形髻”“丛髻”“堕马髻”“中晚唐式高髻”“闹扫装髻”等，在发髻种类上可谓百花齐放。此图中的女子发髻有典型的“双环望仙髻”和“扁形髻”。“双环望仙髻”属于“望仙髻”的一种，也可称为“望仙九鬟髻”，以发髻上鬟多而得名，在梳妆打扮时，一般在髻上编有圆环两个或数个，此种发髻多用于宫女造型。而另一种“扁形髻”也属于高髻，在梳妆打扮时，该发式较为简单，即将头发全部拢于头顶，绾一节，被绾成环状的发髻偏长扁。

绘图：赵茜

图文：吴波

图中的女子发髻有“球形髻”“扁形髻”“圆环椎髻”“惊鹤髻”“双丫髻”，均为唐代比较有代表性的发髻。“球形髻”属于高髻，将高于头顶的发髻梳成了球状；“扁形髻”，头发被高高绾在头顶之上，梳成一简单的发结；“圆环椎髻”是将高于头顶的发髻梳成环状，并装饰夸张的冠式，以彰显身份尊贵；“惊鹤髻”亦作“惊鹄髻”，也属于高髻的一种，集发于顶，分为双股，大如羽翼，似鹤鸟受惊，展翅欲飞；“双丫髻”集发于上，编为两个小髻，在头顶上形成形似树枝的枝杈，多用于未婚女子。

绘图：赵茜

敦煌壁画唐代男子冠饰一

图文：吴波

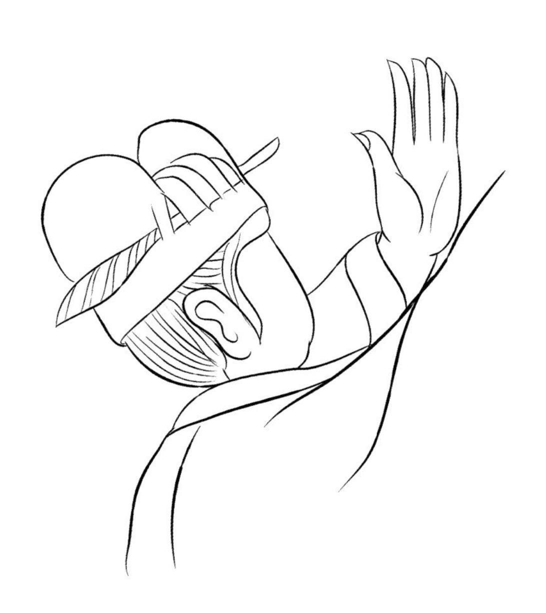

图中六位均是敦煌莫高窟唐代壁画中的男子形象，其中有帝王、王子、官员。他们头上所戴的冠形态各异，体现出唐朝官帽的等级划分制度。图中帝王出自莫高窟初唐第220窟东壁门北帝王听法图，帝王所戴为“冕”冠，其顶部有一块前圆后方的长方形冕板，冕板前后垂有“冕旒”。图中的王子和官员所带的冠有通天冠、进贤冠。进贤冠是文吏、儒士所戴的一种礼冠，因其有向上荐引人才之责，故名，冠上有梁为记，亦称梁冠，以梁的多少来分等级爵位，并可再衬巾帻，如无巾帻与梁数，则为儒者戴用。

绘图：付乐颖

敦煌壁画唐代男子冠饰二

图文：吴波

图中五位敦煌莫高窟唐代壁画中的男子形象，因身份官职的不同所戴冠的形制也不一样。唐朝的时候，在官帽的等级划分上极为严格。图中人物所戴冠的种类主要有小冠、通天冠。小冠也称作平巾帻，帻本是古时裹在头上的布，东汉时开始用一种平顶的帻作为戴冠时的衬垫，至西晋末年发展为前平后翘、只能罩住发髻的小冠。图中官吏未戴笼冠，只是头戴平巾帻簪貂尾。唐朝时期，簪貂尾的官员以散骑常侍为主。通天冠是级位仅次于冕冠的冠帽，其形状与汉画中的进贤冠结构相同，不同的只是展筒的前壁，进贤冠是前壁与帽梁接合，构成尖角。通天冠的前壁比帽梁顶端更高出一截，显得巍峨突出。

绘图：付乐颖

敦煌壁画唐代男子幞头

图文：吴波

幞头，也作“襆头”“服头”“幕”，是一种黑色头巾，在东汉幅巾的基础上演变而成。北周武帝时做了改进，裁出脚后幞发，始名“幞头”。唐代盛行幞头，样式也富于变化。幞头系在脑后的两根带子称为幞头脚，又称“软脚”。初唐至中唐盛行软裹软脚幞头，晚唐时期盛行硬裹硬脚幞头。图中所示幞头为软脚幞头，也称“软翅纱帽”，幞头的一种。下垂二脚不用衬物，称为软脚，使其平展下垂，行动时飘逸、儒雅。

绘图：付乐颖

敦煌壁画持剑、佩剑图

图文：吴波

左页图为五组持剑形象。舞剑姿态各不相同，扬剑挥动或拔剑而起，宽博的衣袖随长剑舞动，也有的衣袖在肘部呈现放射的波浪状，具有御风飞翔的意境。

右页图是两组典型的吐蕃侍从造型，三名侍从均腰佩蹀躞带，两把短刀交叉插于后腰间，长剑则以双附耳式斜挂于腰侧。图中长剑剑柄精美，雕刻有菱形、圆形等花纹，或装饰宝石。左边吐蕃侍从斜挂的是八字格长剑，两翼较直，中段有尖凸，这种有直翼八字型剑格的剑在隋唐时期十分流行，是武备的典型样式，且多次出现在唐代洞窟壁画中。

绘图：侯雅庆

图文：吴波

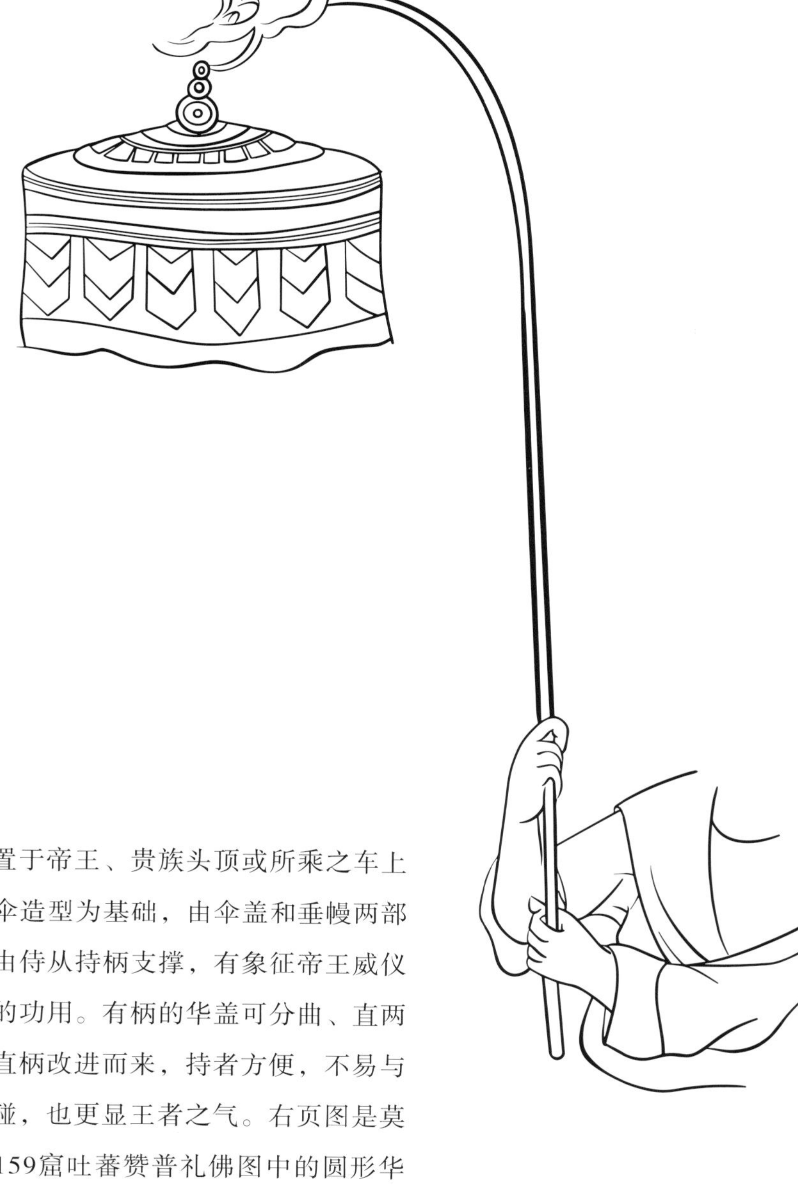

华盖指置于帝王、贵族头顶或所乘之车上的伞盖，以伞造型为基础，由伞盖和垂幔两部分组成，多由侍从持柄支撑，有象征帝王威仪和障日遮雨的功用。有柄的华盖可分曲、直两种，曲柄由直柄改进而来，持者方便，不易与帝王冠冕触碰，也更显王者之气。右页图是莫高窟中唐第159窟吐蕃赞普礼佛图中的圆形华盖，曲柄与华盖衔接处装饰龙头，龙口衔珠，彰显其使用者的尊贵身份。左页图则是两位王子手持直柄圆形华盖，两个华盖造型相似，盖顶以火焰宝珠纹装饰，边缘垂坠有穗状物和珠宝组成的璎珞，即使是静态图形也给人以摇曳生姿之感。

绘图：侯雅庆

敦煌壁画供养人手持物：香炉

图：吴波、刘元风
文：吴波

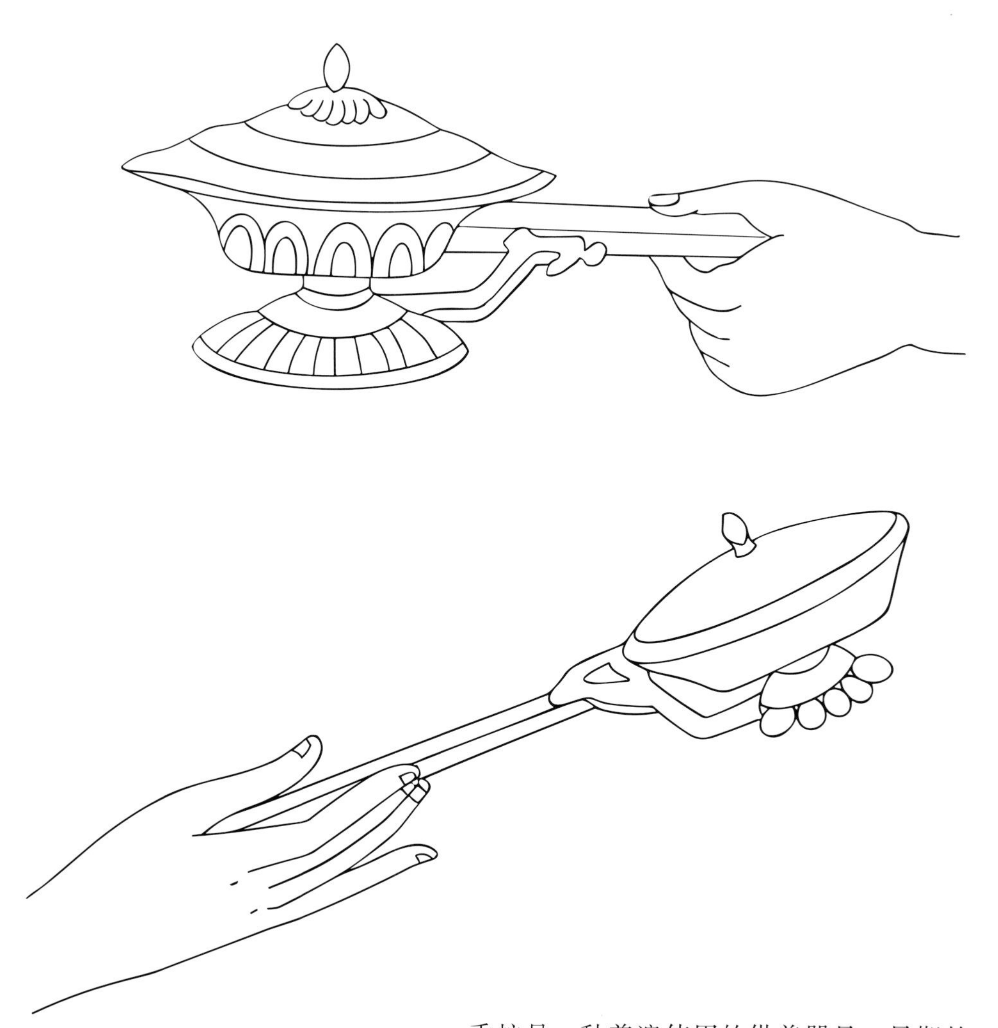

香炉是一种普遍使用的供养器具。早期的香炉形制简单朴素，随着时代变迁，出现了柄香炉，其造型、装饰等都越来越精致丰富。柄香炉也称行香炉，一般出现在行进队列中的供养菩萨、弟子和供养人手中，一端为短足或圈足小炉，炉体平滑或有竖棱，炉口边沿平展。在香炉和手柄的联结处，装饰有云形、叶形、桃形的饰片，饰片下有时延伸出柄托，用于加固香炉和柄的联结，使其牢固。其后长柄用于手持，手柄的末端常下折。不同的材质、造型、装饰，让原本平常的器具变成了一件赏心悦目的艺术品。

绘图：陈诗曼

敦煌壁画供养人手持物：鲜花

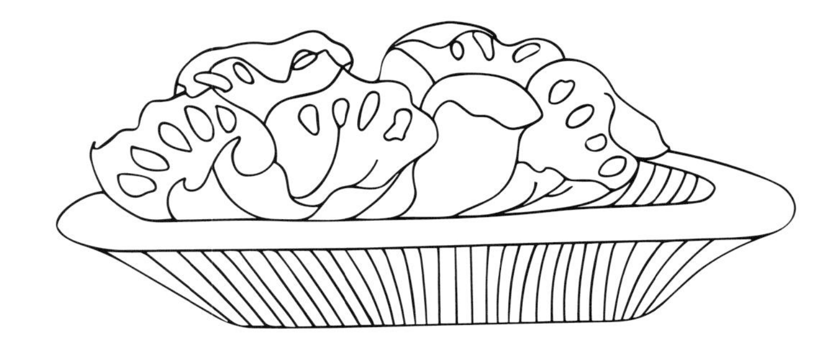

图：吴波、刘元风、李迎军
文：吴波

敦煌壁画中绘制了很多供养人手持鲜花供养的情景，供养人或持托盘、或持一枝鲜花，恭敬站立，向佛陀作虔诚供养的姿态。托盘中放着大小不同的数朵鲜花，这种供于佛前的鲜花，俗称佛事供花。起初，佛事供花多用莲花，但随着佛教的本土化与世俗化，自唐代开始，色彩艳丽、花型圆满的茶花、牡丹也逐渐应用于佛事供花中，所选用的花型、花枝多严谨对称，所配的花器也较华美、大方。

绘图：陈诗曼

敦煌壁画供养人手持物：日用器物和佛教供器

图：吴波、刘元风
文：吴波

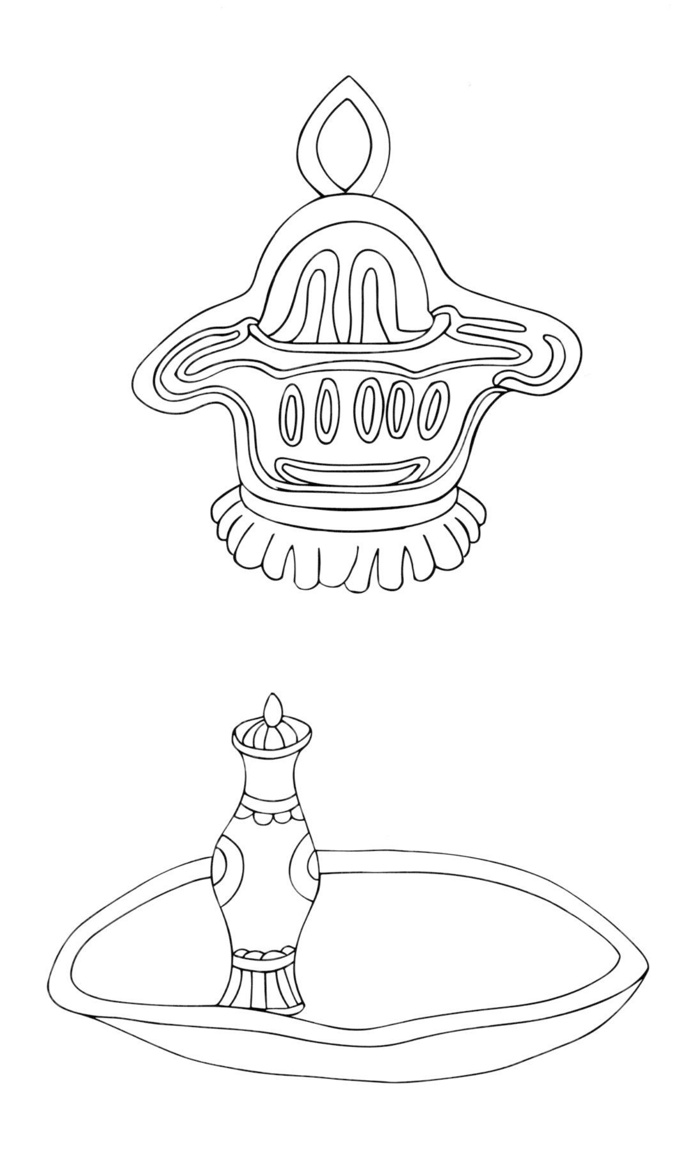

敦煌壁画中描绘了大量的日用器物和佛教供器。当时全国各地都分布着盛产器物的作坊，供器作为各阶层都使用的实物，用途也非常广泛，如各类玻璃器、金银器、漆器、灯具、玩具等日用器物，菩萨、弟子和供养人手中拿的净瓶、花瓶、香炉等供器，其材质各异，造型奇特，制作构思巧妙，充分反映出唐代高超的工艺水平。

绘图：陈诗曼

敦煌壁画动物形象一

图：刘元风　文：吴波

唐代敦煌壁画中的马体魄健美，壮健神俊，神态刻画得十分逼真，极具大唐盛世的风范。马不仅代表着力量与速度，更是贵族身份与尊贵地位的象征，其栩栩如生的形象充分展现了唐代社会的繁荣景象和人们对自然、生命的热爱。

绘图：魏佳欣

敦煌壁画动物形象二

图：吴波、刘元风、李迎军
文：吴波

唐代敦煌壁画中的动物形象生动多彩，反映了当时社会生活、宗教信仰和艺术审美的多重层面。其中，驴、马、虎、牛等动物在壁画中常常扮演重要的角色。驴、马是耕田和运输过程中不可或缺的助手，通常呈现出顽强、勤劳的特征，也反映了其在唐代农耕社会中的重要性；虎的形象常出现在寺庙和佛教场景中，象征着护法神或护法兽，守护佛教寺庙和信徒的平安；牛在壁画中通常被描绘成强壮、耐劳的形象，反映了农业社会对牛的依赖，以及对农业劳作、生活的理解和赞美。这些动物形象在唐代敦煌壁画中不仅为观者提供了美的享受，还承载着文化和历史内涵，反映了唐代社会的特点和价值观。

绘图：魏佳欣